小垃圾大问题

金晓芳　牛卢璐◎编著

U0226572

科学技术文献出版社
SCIENTIFIC AND TECHNICAL DOCUMENTATION PRESS

·北京·

图书在版编目（CIP）数据

小垃圾大问题 / 金晓芳，牛卢璐编著 . —北京：科学技术文献出版社，
2018.9（2020.7重印）

ISBN 978-7-5189-4494-1

Ⅰ . ①小… Ⅱ . ①金… ②牛… Ⅲ . ①垃圾处理—研究 Ⅳ . ① X705

中国版本图书馆 CIP 数据核字（2018）第 110644 号

小垃圾大问题

策划编辑：张 丹 责任编辑：李 鑫 责任校对：张吲哚 责任出版：张志平	
出 版 者	科学技术文献出版社
地 址	北京市复兴路15号 邮编 100038
编 务 部	(010) 58882938，58882087（传真）
发 行 部	(010) 58882868，58882870（传真）
邮 购 部	(010) 58882873
官 方 网 址	www.stdp.com.cn
发 行 者	科学技术文献出版社发行 全国各地新华书店经销
印 刷 者	北京虎彩文化传播有限公司
版 次	2018 年 9 月第 1 版 2020 年 7 月第 3 次印刷
开 本	710×1000 1/16
字 数	74千
印 张	5.5
书 号	ISBN 978-7-5189-4494-1
定 价	39.00元

版权所有 违法必究

购买本社图书，凡字迹不清、缺页、倒页、脱页者，本社发行部负责调换

前言

　　每一天，每一个人，都在产生垃圾。全球几十亿人口每天产生的垃圾，正渐渐地把这颗美丽的地球变成垃圾围绕的星球。被人忽视的垃圾，侵占着我们的土地，污染着我们呼吸的空气，还潜移默化地危害着我们的健康，渐渐成了我们的"敌人"。

　　事实上，这些"敌人"原本可以成为我们人类的朋友。因为垃圾是地球上唯一一种不断增长、永不枯竭的资源。那些打满草稿的废纸、喝完了饮料的空瓶子，它们后半生的命运是被填埋于地下几十年，还是进入工厂改头换面后继续服务人类，完全取决于你有没有做好垃圾分类。

　　本书通过问答的形式，以通俗易懂的语言，配以生活化、故事化的插图，使整本书集科学性、通俗性和趣味性于一体，深入浅出地介绍了"垃圾围城"问题的现状和垃圾处理的方式，指出垃圾分类回收的必要性和重要性。意在向读者传播环保科普知识的同时，唤醒人们对垃圾问题的重视，明白小小的垃圾会引起大大的问题，

提高读者对垃圾分类回收的意识，激发人们对环境保护的热情，使人们积极地参与到垃圾分类回收中，实现垃圾处理的减量化、无害化和资源化。

我们希望，随着科技的进步和我们不懈的努力，人类和垃圾能够"化敌为友"，垃圾能够被更有效、更科学的利用，早日解决"垃圾围城"之困，实现零废弃的梦想，还地球清洁美丽的容颜。

目 录

第一章　垃圾从哪儿来

① 垃圾从哪儿来？

垃圾，是指人类生产生活过程中产生的废弃无用的废弃物，包括固体物质和液体物质。根据垃圾的来源，垃圾可以分为生活垃圾、工业垃圾和建筑垃圾。

生活垃圾，顾名思义是指在人们的日常生活中，或者在为人们的日常生活提供服务的活动中产生的固体废弃物，以及法律、行政法规规定的视为生活垃圾的固体废物。生活垃圾可以分为可回收垃圾、厨余垃圾、有害垃圾和其他垃圾4类。我们每天所接触到的、所产生的多为生活垃圾。

工业垃圾，是指在机械、轻工等工业生产过程中，或者环境污染控制处理过程中排出的固体废弃物。工业垃圾可以分为冶金废渣、采矿废渣、燃料废渣和化工废渣等。冶金废渣是指金属在冶炼过程中或冶炼后排出的残渣废物，包括钢渣、各种有色金属渣、铁合金渣等。采矿废渣是在矿石和煤的开采过程中产生的，范围较广，矿渣数量也相当惊人。燃料废渣是指燃料燃烧后所产生的废物，主要有煤渣、烟道灰、煤粉渣和页岩灰等。化工废渣是指在化学工业生产中排出的工业废渣，如磷渣、汞渣等。工业垃圾中采矿废渣和燃料废渣所占的比例较大，占总量的80%左右。

工业垃圾主要分为

| 冶金废渣 | 采矿废渣 |
| 燃料废渣 | 化工废渣 |

建筑垃圾，是指建设单位、施工单位或个人在对各类建筑物、构建物、管网等进行建设、铺设、拆除或修缮过程中产生的渣土、弃土、弃料、淤泥等废弃物。这些材料对建筑本身没有任何帮助，但却是在建筑过程中产生的。并且，随着城市建设的不断发展，产生的建筑垃圾也与日俱增。据不完全统计，我国建筑垃圾数量已达城市垃圾总量的 30% ~ 40%。目前，绝大多数的建筑垃圾是在未经任何处理的情况下，直接由施工单位运送到郊区或农村，采用直接堆放或填埋的方式处理，带来了不少环境问题，造成了土地资源和可再利用的建筑材料的浪费。

建筑垃圾主要有

土　渣土　废钢筋　废铁丝　废竹木
木屑　包装箱　砂浆　黄沙　石子

② 垃圾的寿命有多长？

一个小朋友在爬山时随手扔的薯片包装袋，假如一直没有人去清理，那么当他长大了，那个包装袋可能还在那里。如果当时他随手扔的是一个塑料瓶，假如一直没有人去清理，那么当他的孩子都已经白发苍苍时，那个塑料瓶可能还在那片土地上。所以，不同的垃圾，寿命不一。一些微生物难以分解的垃圾，如果不加以处理，任其堆在地表，它可以原封不动地躺上几百年。

在自然降解的条件下，果皮类垃圾是最快被分解的。苹果核的降解时间约为2周，香蕉皮的降解时间一般是1个多月。但是，并非所有的果皮都能很快被降解，橘子皮就需要两年时间才会被完全分解。

纸巾、纸袋、报纸等纸类垃圾，一般需要3～4个月的时间才能降解。其降解速度主要取决于它们的降解方式，埋进土里的纸巾分解时间要比暴露在空气中的分解时间长。

垃圾自然降解时间

果皮类	苹果核约2周、香蕉皮约1个月
纸类	3～4个月
衣物	棉质衣物1周、羊毛衣物1年左右
汽车轮胎、运动鞋	80年
塑料类	一般200～400年
玻璃类	数百年

至于衣物的降解时间，取决于织物的主要成分。在所有织物中，棉织物的降解时间最短，而且棉花也可以用来制成堆肥。一件薄的棉质衣物的降解时间最快，只需 1 周。纯羊毛是一种天然制品，在野外环境中，会像羊的尸体一样腐烂掉，在降解的同时，还会向土壤释放一些如角蛋白一类的营养物质。羊毛织物的降解时间受薄厚等因素的影响，轻薄的羊毛衣物、羊毛袜子等，降解时间约为 1 年，而厚重的羊毛大衣降解时间则需要约 5 年。

各类塑料制品的降解时间主要由材质决定。可降解塑料袋，即一些在生产过程中添加了降解母料的塑料袋，在符合一定条件的情况下，90天可被自然分解。而白色污染类垃圾则需要200～400年，甚至500年才能自然降解。许多塑料瓶是由聚酯（PET）、聚乙烯（PE）、聚丙烯（PP）等高分子化合物制成的，降解时间极长。实际上，塑料瓶这种石油化学制品也许永远无法被生物完全分解，它所含的化学物质会一直一成不变地保留在土壤里。

玻璃瓶之类的玻璃制品，基本上无法被降解。玻璃主要由硅石制成，硅石是地球上最稳定、最耐久的矿物质之一。数百年前在岩浆中形成的玻璃至今依然存在。

知识链接

白色污染：对废塑料污染环境现象的一种形象称谓，是指用聚苯乙烯、聚丙烯、聚氯乙烯等高分子化合物制成的包装袋、农用地膜、一次性餐具、塑料瓶等塑料制品使用后被弃置而成的固体废物。由于随意乱丢乱扔，难以降解处理，对生态环境和景观造成的污染。

③ 垃圾真的是垃圾吗？

　　想一想家里的垃圾桶，里面大多数是什么垃圾？果皮剩菜、各类纸张、包装袋、瓶瓶罐罐？据统计，我们扔掉的约有1/3是纸和纸板，这其中大部分是报纸、杂志和包装纸；约1/5是有机废物，其中食物是主要组成部分，剩下的大部分是塑料、玻璃、金属和旧衣物。那么这些我们扔进垃圾桶的垃圾真的一无是处了吗？不，垃圾其实是放错了地方的资源。

　　购物时的小票、电影票、各类广告纸、机票等，可别看不起这些微不足道的废纸，1吨废纸回收可再造700千克的新纸，相当于少砍17棵树，可以节约27276升水，省下足够一个家庭使用5个月的电量。将100万吨废弃食物加工成饲料饲养生猪，可以节省36万吨制作饲料用的谷物，可以产生45000吨以上的猪肉。

很多废塑料还能还原为再生塑料，重新被人类利用。而几乎所有的废餐盒、软包装盒、食品袋都能回炼成燃料。1吨的废塑料能回炼出600千克的无铅汽油和柴油。

而我们随手丢弃的那些瓶瓶罐罐，无论是塑料的、玻璃的，还是铝制的易拉罐，只要经过加工处理，也能变成可用的材料。1吨的塑料瓶能获得700千克二级原料；1吨的废玻璃能够生产1块篮球场大小的平板玻璃，也可以生产2万只500克的瓶子；而废旧易拉罐能无数次循环利用，1吨回收的易拉罐相当于1吨很好的铝块，可少开采20吨铝矿。

在城市，公共社区里割下的草、枯枝烂叶、修剪掉的花枝，这些垃圾被收集起来，经过粉碎、混合、发酵就能成为肥料。在农村，大量的废弃秸秆，包括水稻秸秆、小麦秸秆、玉米秸秆等，更是一种环保资源。秸秆除了能还田作肥料，还可以经过厌氧发酵后制作沼气，经过气化或燃烧后发电；秸秆做成的稻麦草浆餐盒既廉价又环保。此外，秸秆能制作木门，制作纤维素，生产炭品，制取酒精等。

所以，垃圾从来都不是垃圾。经过回收利用之后，垃圾会改头换面，成为另一种资源，重新作用于人类的工作和生活。

知识链接

象粪纸：在斯里兰卡，有一座大象孤儿院，收留了近百头大象，堆积如山的大象粪便让负责人头疼不已。有一家公司以这些大象粪便为原料，经过过滤清洗、粉碎打浆、筛浆脱水、压榨烘干、压光之后，制作出了象粪纸。别以为这些纸会有异味，事实上，经过加工处理后，这些纸不但没有臭味，而且手感还不错哦！象粪纸给当地带来了可观的经济收益，并且如今也成为斯里兰卡的国礼，象粪纸被做成信纸、名片等送给了国外政要。

④ 古代有垃圾吗？

自人类开始聚居生活起，就不可避免会产生垃圾。只是古代的垃圾种类简单，尤其在原始社会，主要以烧火的灰、食物残余的骨壳、粪便为主。不要以为古人的垃圾是随地乱丢的，古人也是很环保的，会利用天然的或挖掘成的土坑来堆放垃圾。如今考古工作者在发掘古人类文化遗址时也会特别注重研究所谓的"灰坑"，也就是古人类的生活垃圾坑。从"灰坑"中的遗弃物种，可以推断当时人类的生活状况和整个社会的文明程度。

古代的统治者们，也非常注重垃圾的处理。我国商代就已经制定出垃圾处理的法令。《史记·李斯列传》记载："商君之法，刑弃灰于道者。"《韩非子》记载："殷之法，弃灰于公道者断其手。"

这里的"灰"就是指垃圾，如果有人将垃圾随意倒在公共街道上，就会被斩手。到了秦朝，《汉书·五行志》记载："秦连相坐之法，弃灰于道者黥。"黥，就是指在人脸上刺字并涂黑。由此可见，在商代和秦朝时期，对乱丢垃圾的处罚是相当残酷严厉的。

到了唐朝，乱扔垃圾同样会受到惩罚，只是不再像先秦一般残酷，而且设置了专门的机构由专人收集垃圾。《唐律疏议》记载："其穿垣出秽污者，杖六十；出水者，勿论。主司不禁，与同罪。"说的是在街道上随意丢弃垃圾的，会被打六十大板，但是倒水的人，则免于刑罚，如果处理垃圾的专人纵容随地丢垃圾行为，会受到同样的处罚。

在南宋时期的杭州已经有了职业清洁工，当时叫作"倾脚头"。他们收集城里百姓倾倒的粪便及城市垃圾，再运到农村出售。根据记载，这项生意竞争激烈，还有人因此变富。

再到明清时期，垃圾成了商品。乾隆时期来访的英国马嘎尔尼使团成员乔治·斯当东爵士在其所撰的访华见闻录《英使谒见乾隆纪实》中写道，大批无力做其他劳动的老人、妇女和小孩，身后背一个筐，手里拿一个木耙，到街上、公路上和河岸两边，到处寻找可以做肥料的垃圾废物……中国商人把这种粪便积累起来，在太阳下晒干，将这些粪块作为商品卖给农民。

古代的垃圾多为天然材料，但古人还是积极处理，以免影响社会生活。社会发展到现今，垃圾种类更多，污染更严重，我们也要向古人一样积极应对，做好垃圾分类回收。

知识链接

在千百年前的国外，也有对垃圾的记载。在古代的特洛伊城，无论是室内还是室外，垃圾可随便扔，当臭气熏天令人无法忍受时，人们就用泥土盖住垃圾。公元前500年，雅典郊区堆满了垃圾，于是希腊人开始颁布法令来处理垃圾，规定清洁工必须将垃圾丢弃在距离城墙不少于1英里（约合1.6千米）远的地方，禁止人们向街道丢弃垃圾，甚至还设置了堆肥坑。古罗马时期，每当有重大活动时，罗马城里的地产所有者就必须负责清扫毗邻的街道。

第二章 垃圾太多了

① 一个人每天产生多少垃圾？

你有没有算过你一天会产生多少垃圾？产生的垃圾包括剩饭剩菜、零食包装袋、果皮、纸巾、玩具包装盒、新衣服的标签、油墨用尽的笔……

根据 2015 年中国人民大学国家发展与战略研究院发布的《中国城市生活垃圾管理状况评估研究报告》显示，中国人均每天生活垃圾的清运量已达 1.12 千克。这样一算，人均每年要产生 400 多千克的垃圾，那么一座城市呢？《2016 年全国大、中城市固体废物污染环境防治年报》对全国 246 个大、中城市的垃圾产生量进行了统计，发现经济发达的大、中城市比欠发达城市产生的生活垃圾要多。

2016 年我国生活垃圾产生量排名居前 10 位的城市

排名	城市	城市生活垃圾产生量 / 万吨
1	北京市	790.3
2	上海市	789.9
3	重庆市	626.0
4	深圳市	574.8
5	成都市	467.5
6	广州市	455.8
7	杭州市	365.5
8	南京市	348.5
9	西安市	332.3
10	佛山市	328.0

一座城市就会产生几百万吨垃圾，那么全国呢？据国家统计局数据显示，2015 年我国城市生活垃圾的清运量已达 19142 万吨，且从 2009—2015 年我国城市生活垃圾年清运量变化趋势可以看出，城市生活垃圾的数量在逐年增多。

我国城市生活垃圾年清运量

每一秒钟都有大量的垃圾产出，我们的城市正被垃圾所包围，"垃圾围城"也将是高速发展的中国城市所面临的棘手问题。

知识链接

生活垃圾清运量：指能被垃圾清运车运至垃圾消纳场所的生活垃圾，不包含从源头就进入回收系统的废弃物。目前，统计部门的各种报告及科学文献中的垃圾统计数据绝大多数采用生活垃圾清运量。理论上，生活垃圾清运量小于生活垃圾产生量。

② 地球上有多少垃圾？

全球 70 多亿人口，每个人每天都会产生垃圾，那么地球上究竟有多少垃圾？

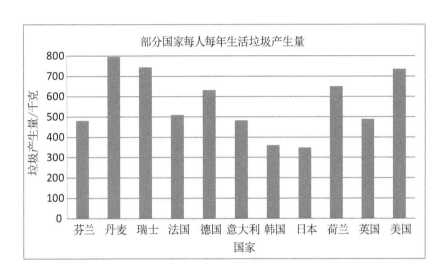

由于各国国情不一，每年人均生活垃圾的产量也是不一样的。根据经济合作与发展组织的数据统计，虽然丹麦、瑞士等北欧发达国家人均每年生活垃圾产生量较高，但由于其人口数量较少，每年产生的生活垃圾总量远远不及其他发达国家。每年生活垃圾产生量最高的是美国，其次是中国。2012 年，生活垃圾产生量美国约为 2.28 亿吨，中国约为 1.71 亿吨，而整个欧洲约为 2.7 亿吨。此外，富裕的发达国家产生的垃圾量一般比发展中国家要多。

全球大部分国家的生活垃圾产量每年呈增长的趋势，以

美国为例，1995 年为 1.97 亿吨，2000 年为 2.20 亿吨，2014 年为 2.34 亿吨。世界银行曾发布一份有关世界各地城市固体垃圾管理状况的前瞻性报告，报告指出到 2025 年，城市居民产生的垃圾还将急剧增加，从 2011 年的年均产生量 13 亿吨增长到 2025 年的年均将近 22 亿吨，增加部分主要来自发展中国家快速成长的城市。而近几年，生活垃圾产生量增长最快的国家是中国，从 2000 年的 1.18 亿吨涨到了 2012 年的近 1.71 亿吨。

据报道，到 2050 年，全球仅塑料垃圾的累计总量或将达到 120 亿吨。想象一下，地球的各个角落填满了各种各样的垃圾，若不加以处理，随意发展，我们这颗美丽的星球将会成为一颗垃圾星球。

知识链接

进口垃圾：垃圾为什么要进口呢？这是由于一些国家，尤其是发展中国家，为了缓解原料不足，直接进口原料成本较高，便从境外进口可用作原料的固体废物。我国从 20 世纪 80 年代就开始进口垃圾，不过国内一些不法商家常通过走私等手段进口垃圾。我国已在 2017 年年底前全面禁止进口环境危害大的固体废物，国务院要求到 2019 年年底前，逐步停止进口国内资源可以代替的固体废物。

③ 生病和垃圾有关系吗?

说起垃圾,你的第一反应是什么? 脏? 臭? 很多人往往不会觉得垃圾会对环境造成污染,更不会觉得垃圾会对人体健康造成危害。

事实上,生活垃圾如果不能及时从市区清运或是简单的堆放在市郊不仅会影响环境卫生,而且还会传播疾病。随意堆放的生活垃圾会造成污水横流、蚊蝇泛滥、臭味四溢、各种病原微生物滋生。垃圾堆放处会有大量的蚊蝇、老鼠、病原体的滋生,潜伏着未知的爆发性时疫的危险。在一些垃圾堆放场附近,春、夏、秋三季的苍蝇相当多,而且灭蝇药喷洒一段时间后,苍蝇会产生抗药性。英国曾有的几次鼠疫都和垃圾处理不当有关;1988 年我国上海市甲型肝炎流行,也是由于垃圾处理不当(未经处理的粪便排放到近海水域)造成的。也有一些地区,将未处理的生活垃圾直接施于农田,由于寄生虫卵等未经杀灭,这些虫卵等也会通过农作物进入人体,造成疾病传播。

城市垃圾更主要的是通过环境污染危害人体健康。具体地说,垃圾往往通过土壤污染、大气污染、地表水和地下水污染等方式影响人体健康。垃圾中有毒气体随风飘散,空气中二氧化硫、铅含量增加,使呼吸道疾病发病率升高,对人体构成致癌隐患。地下水污

染物含量超标，引发腹泻、血吸虫、沙眼等疾病。我国贵阳市曾痢疾流行，就是地下水被垃圾场渗滤液污染，病原微生物严重超标所引起的。据检测，当地地下水中的大肠杆菌值超过饮用水标准的770倍以上，含菌量超标2600倍。

另外，像废弃塑料这种难以分解的垃圾，进入土壤或水体都很容易携带病菌，传播疾病。而焚烧处理会释放多种有害化学物质，如氯化氢气体（会引起咳嗽、打喷嚏、气急胸闷及流鼻涕眼泪等症状）、二噁英（可能会引起人消瘦、肝功能紊乱、神经损伤甚至癌症等）。

垃圾是一个经常被忽视的健康杀手，不要小瞧垃圾，因为随意丢弃、处理不当，都会让人离疾病更近一步。

④ 动植物喜欢垃圾吗?

垃圾已经无处不在,在地球的各个角落都有垃圾,包括海洋中和土壤里。我们人类不喜欢垃圾,因为它们又脏又臭,给我们带来了很多危害,那么小动物和植物呢,它们会喜欢垃圾吗?

垃圾主要通过大气污染和土壤及地下水污染影响植物生长。垃圾的露天堆放和焚烧都会释放出有害气体,引起大气污染。大气污染物浓度超过植物的忍耐限度,就会伤害植物的细胞和组织器官,使植物生理功能和生长发育受阻;农作物产量下降,产品质量变差,群落组成发生变化,甚至造成植物个体死亡,种群消失。

另外,垃圾的长期堆放,会对土壤及地下水造成污染。塑料垃圾进入土壤难以分解,会破坏土壤结构,阻碍植物吸收水分及根系生长。例如,一些农田使用的塑料薄膜老化后,残膜遗留在田间,会影响农作物生长,进而导致农作物减产。据调查,每亩地如果含有3.9千克残膜,就可使玉米减产11%~23%、小麦减产9%~16%。而像废电池这样含有汞、铅、镉、铬等金属元素的垃圾,会引起土壤和地下水的重金属污染,从而影响植物生长,对于一些农作物会产生减产或长出有害农产品的后果。有人做过实验,一一给不同植物浇泡了电池的水,富贵竹、万年青、天竺葵等植物最后都被毒死了。

垃圾已经不仅仅存在于陆地了,海洋里也有不少垃圾,或留在海滩或浮于海面或沉入海底。这些垃圾对海洋生物造成了生命威胁,破坏了海洋生态系统。海洋里最多的塑料垃圾是废弃的渔网,渔民们称它为"鬼网",有的长达几千米,在洋流作用下,这些渔网交织在一起，每年都会缠住和淹死数千只海豹、海狮和海豚等海洋哺乳动物。其他的塑料垃圾则会被海洋动物误当作食物吞下。例如，海龟会把塑料袋当成水母吃下；海鸟会把打火机、牙刷当小鱼吞下。部分塑料垃圾在太阳照射和海浪冲击下，会降解为指甲大小的碎片，漂浮在海面，海鸟、海鱼吞食后，由于塑料制品在动物体内无法消化，会引起胃部不适、行动异常、生育繁殖能力下降，时间久了这些海鸟、海鱼就会死亡。在北太平洋就有30%的鱼吃下了塑料，仅2013年，海洋里的

塑料垃圾就造成了150万只海洋动物死亡。

当然，垃圾除了对海洋动物产生致命的影响之外，陆地上的动物们也难逃垃圾的迫害。垃圾污染了动物们赖以生存的水、食物、空气和土壤，导致了一些动物的繁殖能力下降、物种变异，甚至死亡灭绝。

除去老鼠、苍蝇、蚊子等有害生物，绝大部分的动植物都深受垃圾的危害。如果你是小动物或植物，你会喜欢垃圾吗？

知识链接

微塑料污染：微塑料是一种直径很小的塑料颗粒，是一种造成污染的主要载体。2004年英国科学家在《自然》杂志上发表了一篇关于海洋水体和沉积物中塑料碎片的论文，首次提及了这一概念。微塑料污染在2015年被列入环境和生态科学研究领域的第二大科学问题，成为与全球气候变化、臭氧耗竭等并列的重大全球环境问题。

第三章 跟着垃圾去旅行

可回收垃圾　　厨余垃圾　　有害垃圾　　其他垃圾

① 垃圾去哪儿了?

当你喝完奶茶或吃完快餐,随手把垃圾扔到垃圾桶里,你可曾想过这些垃圾最终会运到哪里去呢?是运到垃圾场埋起来了?又或者是烧掉了呢?

其实,我国各地都因地制宜地制定了相应的生活垃圾处理方法,如垃圾填埋、垃圾焚烧和垃圾堆肥等。

垃圾填埋是从古希腊时代起就沿用至今的垃圾处理方法。至今,我国仍有85%的城市生活垃圾需通过填埋处理。垃圾填埋其实并不是简单粗暴地一埋了之,为了防止垃圾对环境的二次污染,卫生填埋场一般会采取一定防护措施对垃圾进行无害化处理。

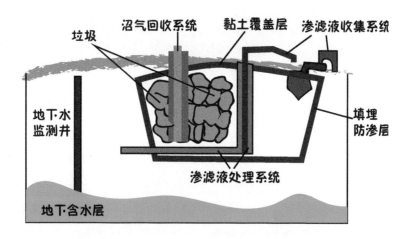

首先我们会选择合适的地点建立垃圾填埋场,并在垃圾填埋场的底部和边缘建造防渗保护层。为了增加空间,延长垃圾填埋场的使用寿命,人们会通过重型机械将垃圾压实。然后再铺上一层土或木屑防止小鸟和老鼠钻进去,如此往复。为避免填埋渗漏的污水污染地下水,需集中净化处理渗漏物。另外,为了处理填埋场释放出的沼气,还需埋置管道来收集气体。

　　杭州的天子岭生活垃圾填埋场是我国第一座符合国家卫生填埋标准的大型谷型垃圾填埋场。工程分为两期，一期工程从1991年投入使用至2006年年底，它在完成了垃圾填埋的使命后，如今已经是一个总绿化面积达8万平方米的生态公园。2007年起启用第二垃圾填埋场二期工程，总库容达2202万立方米。天子岭垃圾填埋场承担着杭州主城区93.49%的垃圾末端处理工作，仅2015年上半年就处置了杭州市区生活垃圾178万吨，平均每天处理9807吨垃圾。

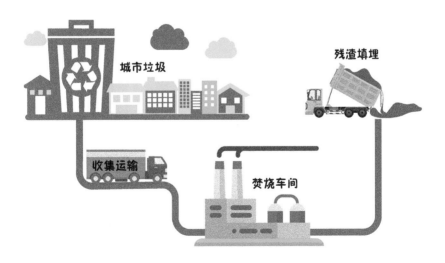

是不是听到家门口要建垃圾焚烧场的消息后，你就担心得睡不着觉了呢，其实运用专业设备和技术，大家完全不用担心。垃圾焚烧过程中，除了重金属外，有害成分基本可以得到充分分解，病毒、细菌也能得到彻底消除。焚烧时产生的有毒气体可通过烟气处理设备来净化，焚烧过程中产生的大量热量可用于供热、发电。焚烧后产生的灰烬有些可用来制砖和水泥，有些则被掩埋在垃圾填埋场。

关于垃圾堆肥，相信大家一定不陌生吧！顾名思义，垃圾堆肥可以把垃圾中适宜于利用微生物发酵处理的物质制成肥料。正因如此，我们必须要先将垃圾进行分类，将易腐的有机垃圾，如剩饭菜、树枝花草等进行发酵堆肥处理。如果不分类，易腐有机垃圾和一些含有重金属的垃圾混合在一起，这些易腐垃圾制成的肥料也会含有重金属成分，那用了这些肥料的农产品就会重金属超标。

无论是填埋、焚烧还是堆肥，希望垃圾不再流浪，能回到适合它们各自的家。

② 垃圾有更好的出路吗？

在我国，填埋、焚烧和堆肥是处理垃圾的主要方法，这 3 种处理方法其实各有利弊。

3 种垃圾处理方法的优缺点

	优点	缺点
垃圾填埋	①技术成熟、操作管理简单； ②投资运行费用相对较低	①垃圾减容效果差； ②占用大量土地，选址困难； ③渗滤液治理和沼气收集困难，易污染环境
垃圾焚烧	①垃圾减量化明显； ②使垃圾无害化处理更彻底； ③可实现垃圾资源化利用； ④节约了大量土地	①易引起大气污染，产生二噁英、硫化物和固体粉尘； ②技术复杂，投资建厂成本大； ③垃圾分类不健全，焚烧前预处理较复杂
垃圾堆肥	①生产投入少； ②可产生用于农业生产的肥料，提高能量的循环利用率	①处理垃圾耗时长； ②垃圾减容效果差； ③堆肥过程中易产生臭气、污水和残渣

显而易见，上述 3 种垃圾处理方式都不是完美的解决方案。事实上，采用这些垃圾处理方式，不但是对资源的浪费，也是对环境的又一次污染。如果把垃圾重新回收利用，垃圾就不是垃圾，而是资源了，这等于是给垃圾找到了一条最好的出路，垃圾的分类回收就是这条阳光大道。

越是纯粹的东西越容易回收。例如，报纸是可以回收的，但如果用报纸裹了一堆果皮，那么就很难一起回收利用了。所以要想最大化的回收利用垃圾，就要在源头做好垃圾的分类回收。把垃圾中可回收的部分运到工厂，而不是运往填埋场或焚烧炉，减少了填埋的土地需要和焚烧产生的污染。在工厂，这些垃圾被重新加工利用，成为新的物品，回到人类的生产生活中。

例如，一些本会被填埋或焚烧的废纸，在经过分选、净化、打浆、抄造等十几道工序后就能成为再生纸，可以用来办公、学习。再生纸甚至更有利于视力保护，这样也大幅减少了因造纸需求带来的森林砍伐。所以，垃圾分类回收既提高了垃圾资源的利用率，又缓解了垃圾给环境带来的压力，是一条对环境十分友好的绿色大道。

知识链接

三化原则：减量化、资源化、无害化是我国垃圾处理的原则。减量化是指在人们在生产生活的源头上减少垃圾的产生，以及采用适当措施使垃圾的体积或重量减少。资源化是指将垃圾直接作为原料进行利用或对垃圾进行再生利用。无害化是指在垃圾的收集、运输、储存、处理、处置的全过程中减少或避免对环境和人体健康造成不利影响。

③ 垃圾怎么分类？

杭州的天子岭填埋场平均每天处理垃圾量远远超过 4500 吨的填埋警戒红线，为什么？除了不断增长的垃圾量，还和居民垃圾分类不到位有关。所以，不管垃圾最终是被填埋、焚烧、堆肥还是回收都需要先做好垃圾分类。

在我国，各个城市的垃圾分类稍有不同，例如，上海将生活垃圾分为有害垃圾、可回收垃圾、干垃圾和湿垃圾；广州将生活垃圾分为有害垃圾、可回收垃圾、餐厨垃圾和其他垃圾。它们在分类的本质上是一样，只是名称上有区别。

以杭州为例，杭州市人民政府通过公开征求市民意见，确定将生活垃圾分为可回收垃圾、有害垃圾、厨房垃圾和其他垃圾 4 类，并根据 4 类垃圾的不同特点，用蓝、红、绿、黄 4 种颜色做了区别，便于市民分类处理。

 绿色垃圾桶是厨余垃圾回收桶。它喜欢菜根菜叶、果皮、骨头、剩饭剩菜等食品类垃圾，这些垃圾可以进行堆肥处理。

蓝色垃圾桶是可回收垃圾回收桶。它喜欢废纸、塑料制品、玻璃制品、易拉罐等金属制品及旧衣物等，这些垃圾可再次利用。

 红色垃圾桶是有害垃圾回收桶。它喜欢纽扣电池、灯泡灯管、油漆桶、杀虫剂、水银温度计、过期药品、化妆品和部分家电等含有对人体有害的重金属和有毒物质的垃圾。

黄色垃圾桶是其他垃圾回收桶。它喜欢除了以上 3 类之外的其他垃圾，如砖瓦陶瓷、卫生间废纸、纸巾、渣土、尘土等。

　　平时家里扔垃圾，是不是将一塑料袋的垃圾一股脑儿全部扔进楼道或小区的某一个垃圾桶里呢？扔垃圾的正确方式可不是这么的简单粗暴。假如你的垃圾袋里装有果皮、剩饭剩菜、用过的纸巾、过期的药品、塑料包装袋，这一袋垃圾就得分开扔。果皮和剩饭剩菜请投入绿色垃圾桶；用过的纸巾请投入黄色垃圾桶；过期的药品请投入红色垃圾桶；塑料包装袋及垃圾袋请投入蓝色垃圾桶。

你是不是觉得这样会很麻烦？这里有个好主意。对于家庭而言，若想要更方便，可以在家里多设置几个垃圾桶。例如，在厨房的垃圾桶专门扔厨余垃圾，在客厅的垃圾桶只扔可回收垃圾，在洗手间的垃圾桶只扔其他垃圾，在阳台的垃圾桶专门扔有害垃圾，这样从源头上就做好了垃圾分类。当然，也可以用快递箱、大的包装盒、罐子代替垃圾桶，也相当于资源循环利用，节约了资源。

垃圾分类，对于我们每一个人而言，只是举手之劳，但却是解决"垃圾围城"这一难题的一大有效举措。为了我们赖以生存的地球环境，为了我们美丽的家园，做好垃圾分类，我们责无旁贷！

知识链接

易分错的垃圾：用过的厕纸、用过的卫生纸、烟盒属于其他垃圾，而不是可回收垃圾。玉米棒、坚果壳、大棒骨都较难降解，属于其他垃圾，但是鸡骨还是属于厨房垃圾。另外，尘土属于其他垃圾，但残枝落叶及开败的鲜花属于厨房垃圾。此外，抹头发上的摩丝等易燃易爆的物品也属于有害垃圾。像修正液这样毒性不强的，可以归为其他垃圾。

④ 各国的垃圾分类都一样吗?

　　我国各个城市的垃圾分类大多分为 3 ~ 4 类,那其他国家的垃圾分类是否也是如此呢?事实上,每个国家的垃圾分类都不一样。德国、日本等一些发达国家的垃圾分类更细致、更复杂。

　　在德国,居民的生活垃圾可以分为 7 类。

　　①有机垃圾:指厨余垃圾和枝叶等花园里的垃圾,可以当作肥料自行掩埋或集中收集后进行堆肥处理。德国用深绿色或深棕色垃圾桶收集这类垃圾。

　　②废纸:蓝色的垃圾桶专门收废纸板、报纸、书籍杂志和纸类包装。值得注意的是如果一些纸类包装上包有塑料薄膜,或者是有金属、塑料装饰,必须把这类非纸类的薄膜或装饰取下才能丢进蓝色垃圾桶,否则可能会被环卫工人拒收。

　　③轻包装垃圾:是带有"绿点标记"的轻包装,如塑料包装、乳制品盒、各类包装袋、各类金属制成的容器、饮料纸盒等,这些垃圾应投放在黄色垃圾桶。

绿点标识

④废旧玻璃：在德国，有些玻璃瓶子可以退给超市，不能退的需按白色玻璃、棕色玻璃和绿色玻璃 3 种颜色投放入对应的垃圾桶。同样，需要把瓶盖或其他非玻璃的包装配件取下。

⑤有害垃圾：药品、机油、废旧电池等有毒有害垃圾，不能直接扔进一般的家庭垃圾桶中。每座城市都有专门处理这类垃圾的地方，居民需要把这类垃圾送到指定地点。

⑥其他垃圾：指那些不可再利用的又不含有害物质的废弃物，如皮革制品、镜子、瓷器、脏的纸张、用过的卫生纸及婴儿纸尿裤等就属于其他垃圾。这些垃圾需投入黑色垃圾桶。

⑦大型垃圾：旧家具、旧电器等大型垃圾，会有政府专门上门

回收。

　你觉得德国将垃圾分为7类垃圾有点多？比起日本，那可是小巫见大巫了。在日本，每座城市的垃圾分类都不一样，但其共同点就是都细致到令人惊叹。在熊本县的水俣市甚至将垃圾分成了23类，可以说日本是世界上垃圾分类最严格的国家。以东京的大田区为例，生活垃圾被分为7个类别，每个类别再细分小类。

| 资源垃圾 | 可燃垃圾 | 不可燃垃圾 | 大型垃圾 |
| 不可回收垃圾 | 家电 | 临时性大量垃圾 |

　①资源垃圾：资源垃圾最为复杂，又被分为9类。塑料瓶，需将瓶盖和包装纸分开扔；塑料容器，像牙膏等软管类的，需要在挤空后剪成每段30厘米；罐，喷雾型的罐需在罐身上打孔漏气以防爆炸；报纸；纸箱；杂志和宣传单；纸盒，若是饮料牛奶盒需洗净后剪开摊平；纸质包装；玻璃瓶。

　②可燃垃圾：包含不可再生的纸类、厨余垃圾、橡胶制品、衣物。其中衣物包括毛巾、单只袜子和手套等，若袜子、手套等是没破且搭配成对的，属于资源垃圾。

　③不可燃垃圾：指玻璃制品、灯泡、陶瓷器、小型家电和餐具

厨具等。

④大型垃圾：大型垃圾需自己搬到指定回收点，并根据垃圾尺寸大小支付处理费。

⑤不可回收垃圾：指灭火器、砖瓦、水泥、废轮胎等。

⑥家电：主要指电视机、洗衣机、冰箱和空调4类家电。

⑦临时性大量垃圾：一般是在搬家、大扫除或修剪庭院时产生的垃圾。

不可回收垃圾、家电和临时性大量垃圾是不允许扔到垃圾场的，需联系专门的回收公司上门回收。此外，除了分类细致之外，还对不同类型的垃圾投放时间也有规定。例如，可燃垃圾每周可丢弃两次；不可燃垃圾里根据细分类型不同也有一周两次、两周一次等不同规定。

也许，在我们看来，德国、日本这样细致的垃圾分类有些麻烦，但当这一切变成一种习惯、一种共识、一种理所应当时，垃圾分类就一点也不麻烦了。

第四章 我们在行动

① 发达国家怎么处理垃圾？

只要有人存在的地方就有垃圾，所以在国外也有不少垃圾。但当我们去瑞士、德国等发达国家旅行的时候，我们往往会觉得他们的城市好干净，他们是怎么处理垃圾的呢？

瑞士的垃圾回收率相当高。2007 年，废弃钢板的回收率达79%，废弃玻璃的回收率达95%，如此高的垃圾回收率主要取决于生活垃圾分类回收制度，无论是城市还是偏远的农村都实行了严格的分类回收制度。

在瑞士，所有的垃圾和废旧物品必须分门别类处理。每个社区配备旧玻璃瓶、金属回收箱，根据瓶子颜色分别回收；硬纸板与报纸杂志必须分开系成捆后放在指定地点；废旧灯泡、电池、塑料瓶要扔到超市的垃圾箱内。普通生活垃圾必须使用指定垃圾袋，因为没人会收走用其他垃圾袋装的垃圾。丢弃不用的计算机、电视、家具等大型的垃圾，要花钱预约相关公司上门回收，或者在指定日期放在指定地点由专人回收；可回收利用的旧衣物、旧鞋子要用专门的塑料袋投进社区的衣物回收箱中，或者在指定日期前放到门口，等专人收走做进一步处理和捐赠。

　　瑞士对垃圾进行称重收费，不同种类的垃圾收费不同，一般通过购买垃圾袋收取。例如，一卷 10 个 35 升容量的垃圾袋，价格约是 17 瑞郎，相当于人民币 110 元。装不同类型垃圾的垃圾袋，价格也不一样，最贵的是装混合垃圾的，其次分别为纸张纸板、厨房垃圾、玻璃、铝罐和镀锡铁皮的垃圾袋。

　　在瑞士，扔垃圾不仅方法复杂，而且垃圾收费也贵，那如果不按照规定扔垃圾会怎样呢？为了对付非法乱扔垃圾的人，瑞士设置了专门的垃圾巡警。他们会出现在瑞士的大街小巷，寻找违规乱扔垃圾的人和没有按时按地丢弃的垃圾。

如果在社区内发现了违规乱丢的垃圾袋，他们会通知城市清洁部门，该部门的工作人员会前来取走垃圾袋，并根据垃圾袋内的垃圾，查找出垃圾的主人。就算各类票据都被撕毁了，他们也能根据拼图或采用其他手段找出罪魁祸首，乱丢垃圾的人就会收到警告书和罚单。一个不按指定地点扔弃的垃圾袋或没有采用标准垃圾袋丢弃垃圾者将被罚 200 ~ 400 瑞郎，相当于人民币 1400 ~ 2800 元，另外还需再加 300 瑞郎（约合人民币 2100 元）的行政处理费。如果再犯，罚金可提高到 800 瑞郎（约合人民币 5600 元）。

严格的垃圾分类回收制度、较高的垃圾回收费及苛刻又昂贵的处罚，使得瑞士人一方面不断减少垃圾的产生，另一方面又严格遵守垃圾回收制度，最终使瑞士成了全球垃圾分类回收的楷模。

② 我国什么时候开始垃圾分类的？

德国、日本这样的发达国家花了几十年的时间，通过对几代人的垃圾分类生活习惯的培养，取得了如今的成果。那我们中国是从什么时候开始垃圾分类的呢？又取得了什么样的经验和教训呢？

在 20 世纪 50 年代中期时，我国在各地建立了一批国营的回收站，专门回收废纸、废铁等有一定经济价值的垃圾，这些回收站的经济效益还不错。值得注意的是，仅限有经济价值的废品，生活垃圾还是通过混合收集来处理的。因此，严格地说，那并不是垃圾的分类回收。

20 世纪 80 年代，社会经济发展迅速，居民的生活水平得到了很大的提升，一些人开始不屑于废品回收所得了，这使许多有回收价值的垃圾与生活垃圾一起被混合处理了。这样一来，就引发了环境问题。此时，垃圾分类的概念在我国才首次出现。不过，在这个时期，垃圾分类并没有得到有效地宣传和推广，居民对垃圾分类知之甚少。

我国真正的垃圾分类工作是在 2000 年才开始的。北京、上海、广州、南京、杭州、深圳、厦门和桂林 8 座城市在这一年被设为"生活垃圾分类收集试点城市"，正式拉开了我国垃圾分类工作的序幕。虽然这8座城市制定了相关政策，但总体来说，推广工作不算成功，垃圾分类成效不明显。

2011年起，北京、上海、天津、广州、杭州等经济发达的城市作为先锋，扛起了进一步推进垃圾分类回收工作的重任。根据各自城市垃圾问题的现状，因地制宜地制定政策，大力宣传推广，鼓励居民做好垃圾分类回收。依靠信息化和大数据的发展进步，垃圾分类正逐步走进千家万户。

在北京劲松中社区公园里有一间小屋子，叫绿馨小屋，它不是书店也不是点心店，而是一间收集垃圾的小屋子。每天早晨，社区里的老人晨练散步时，会把分类好的垃圾送到这里，工作人员称好重量之后，会给老人一个积分卡，凭积分每个月可以得到相应的礼品。社区居民还可以通过微信预约工作人员上门回收称重。另外，通过绿馨小屋的网站和微信，居民不仅可以学习到如何进行垃圾分类，查询到就近的垃圾桶，还可以监督反馈，将拍到的垃圾分类不规范的行为上传至网站。

同样的积分制也在广东轻工职业技术学院校园内实行起来了。

在学校的分类智能垃圾桶上刷一下学生卡或用户卡，相应的分类投放口会打开，将分类好的垃圾投入后，智能垃圾桶会初步判断投放是否正确，也会记下投放者的信息，正确投放的学生或老师可以得到积分，积分可以用来在学校商店买东西或支付快递费。

一步一步，一点一滴，垃圾分类正在各城市逐步覆盖推广。距离垃圾分类成为每个人的生活习惯，我们的路还有多远？

③ 哪些人在做垃圾回收？

有人乱丢垃圾，有人焚烧垃圾，也有人回收垃圾。谁是那个回收的人？也许，那不仅仅是一个人。

有一些企业一直坚持在做行业内的专业回收，如某品牌的全球旧衣回收计划。从2013年起，全球的该品牌门店开始推出旧衣回收活动，顾客可以随时将任何品牌、任何成色的闲置衣物或纺织品送到其任何一家门店，一袋旧衣物可换取一张该品牌八五折优惠券。

那些回收的旧衣物将通过分类和评估后再次利用：质量较好的衣服会被归为二手商品，有可能会被再次穿着；太破旧无法再次使用的将被加工成抹布、地毯等；其他衣服将被转化成一些绝缘材料、车辆座椅的填充物，研磨成纤维、织成纱线或制成新的纺织品；还有约1%的旧衣物会被转化成新能源再度使用。

2016世界旧衣回收周在某品牌的全球门店推出，一周收集了超过1000吨的闲置衣物，中国大陆地区共收集超过55吨的衣物。从2013年到目前为止，该品牌已回收的旧衣物超过25000吨，为衣物

回收做出了重要贡献。

也许你会问小区里那些收废品的人收垃圾算回收吗？算！其实我国相当一部分可回收垃圾就是靠街头社区那些收废品的人回收的，只不过由于关乎利益，他们只回收有经济价值的垃圾。

如今随着互联网的迅速发展，收废品也有了新形式，一些手机APP、微信公众号都能"一键"实现让回收人员上门回收废品了。

杭州市环境集团开发的"清洁直分"APP将可回收垃圾细分为自行车、易拉罐、电水壶、电炒锅、书刊、报纸、衣服、塑料瓶、玻璃酒瓶、利乐包、纸板11类。像利乐包、玻璃瓶等以往卖不掉的东西也能交给"清洁直分"处理。我们可以通过手机APP预约专人上门回收，根据回收垃圾的数量和种类获得一定的"清豆"。"清豆"就是积分，可以在"清洁直分"APP的积分商城购物。

"清洁直分"回收的垃圾被分为3类进行处理：

①塑料瓶、玻璃瓶等由杭州市环境集团再生资源回收项目进行回收再利用。

②书籍及可再利用的小家电等通过绿色义卖等途径捐赠出去。

③不能回收利用的垃圾就交给专门进行垃圾回收的公司处理，

力求做到物尽其用。

当然，回收平台并不止一家。打开手机的 APP 商城，输入"回收"两字，就会发现一系列的回收应用。

既然这么多人都在做回收，希望回收不再只停留在你的书上和手机里，而是能真正走入你的生活，成为你生活的一部分。

④ 回收标识长什么样？

在许多发达国家，人们在购物的时候总爱找一找商品上的回收标识，许多非常注重环保节能的环保人士甚至只买印有可回收标识的商品。那么，你有没有留意过各类商品包装上的回收标识呢？

这个形成特殊三角形的三箭头标识，就是循环再生标识，也叫回收标识。这个标识提醒人们，在使用完这个包装后，请把它送去回收。同时它也标志着该商品或该包装是用可再生的材料做成的，是有益于环保的。

（1）　　　　（2）　　　　（3）　　　　（4）

在各类包装上，也许你看到的不是三个箭头标识的标识，而是（1）（2）这样的，也有（3）（4）这样的。其实这些都是回收标识，不同国家不同物品上的回收标识会有些区别。

   　　　　这些是纸制品回收标识。

这是铝制品的可回收标识。

这是我国台湾地区的回收标识。

这是欧盟生态标识。

这是德国绿点标识。它是世界上第一个有关"绿色包装"的环保标识，于1975年问世。绿点的双色箭头表示产品或包装是绿色的，可以回收使用，符合生态平衡、环境保护的要求。

日本的回收标识非常多，许多商品的包装上会一一标明外包装、内部包装、内置商品等所有物品的回收情况。

(1)　　　　(2)　　　　(3)　　　　(4)　　　　(5)　　　　(6)

（1）为纸制包装的可循环回收标识。

（2）为钢铁制品的可循环回收标识。

（3）为纸制品的可循环回收标识。

（4）为铝制品的可循环回收标识。

（5）为原料可循环回收标识。

（6）为塑料容器包装的可循环回收标识。

此外，在一些塑料制品上，我们还经常看到标有数字的一些回收标识。这可不是可以循环用几次的意思，数字代表的是不同的塑料材质，都属于塑料回收标识。

认识了这么多的回收标识，希望以后在购物的时候尽量采购带有回收标识的商品，当然，最重要的是用完之后要回收哦！

⑤ 怎样做才能减少垃圾的产生？

让我们想一想，在垃圾成为垃圾之前，它是什么？垃圾桶里的旧衣服、饮料瓶、纸盒子曾经是妈妈给你买的新衣服、口渴时在街头买的饮料、新买玩具的外包装……绝大多数的垃圾在成为垃圾之前，是商品。它在工厂里出生，在商店里出售，被我们买回家使用，我们用完或不想再用后将其丢弃，成为垃圾。所以，垃圾的减量要从一件物品从出生到被丢弃的每一个环节入手。

在生产时，用可再生利用、可降解的材料代替不可降解的材料；减少使用对环境有害的材料和不可再生资源材料的消耗。例如，塑料的原料就是煤、石油、天然气等不可再生资源，因此要减少塑料制品的生产。必须用塑料时，选择生物可降解的或可回收的塑料。

简化包装，杜绝过度包装。为了提升商品的档次及价格，不少生产者会过度包装商品。里三层外三层，纸质的、布质的、塑料质的，五花八门，花里胡哨。例如，一盒高档茶叶，需要一个纸质手提袋，一个硬纸板包装盒，再用一个泡沫或塑料框架固定一个铁罐子，这个泡沫或塑料框架上往往还包有绢丝，有时装茶叶的铁罐或外部的硬纸板包装盒上还有一层薄薄的塑料密封膜。而所有的这些包装，最后都是垃圾。

在商品出售和使用阶段，垃圾减量主要取决于我们这些消费者和使用者。不买没必要的，减少消费，避免浪费。

买笔时，如果有几只笔还可以继续写，或者家里还有替换笔芯可以换，那就没有必要再买新笔了。买垃圾桶时，想一想旧的垃圾桶是否已无法使用，家里有没有闲置的塑料桶等可当作垃圾桶的物品。尽量做到能不买就不买。

在必须购买时，选购环保型产品。拒绝购买使用过度包装的产品，选择无包装或简易包装的产品。购买使用再生材料制品，少用或不用一次性产品。例如，去超市自带购物袋、选购再生纸制成的本子、使用可替换笔芯的圆珠笔、旅行时自带牙刷、外出就餐时自带筷子勺子等。

请勿使用一次性筷子
一起保护环境

吃完坚果零食空了的瓶瓶罐罐可以用来装积木等玩具零件；破旧了的毛巾可以用来当抹布；空了的饮料瓶可以拿来当花瓶；单面打印的作业纸可以在背面打草稿等。我们应珍惜资源，善于一物多用，旧物再用。

在商品无法再利用只能舍弃时，做好垃圾分类，有助于其回收再利用，从根本上说也是有助于减少垃圾的。也许，我们一个人每天能减少的垃圾量是有限的、是微不足道的，但是一个人每年、每十年所减少的量是不容小觑的，地球上每个人都少产生一点垃圾，那全世界所减少的垃圾量更将是惊人的。所以，减少垃圾，从我做起吧！

知识链接

在德国柏林，有一家名为 Original Unverpackt 的超市，为了从源头上断绝包装袋，在售商品都是没有包装的。在超市出售的 600 种商品，被整批放入开口向下的容器中，容器带有一个控制杆，顾客可根据需要购买相应的数量。在这里购物的规则是必须自带容器，或者从超市借用可循环使用的容器或环保袋。

第五章 小垃圾大用处

① 厨余垃圾还能做什么？

吃完水果，你是不是就随手把果皮扔到垃圾桶了？家里人喝完的茶、茶叶渣有没有再利用？你是否知道鸡蛋壳还有大用处？其实，不要小看了这些厨余垃圾，它们都有大用处呢！

橘子皮是件宝，用处可不少。橘子皮含有较多的芳香物质，因此它可以驱除一些异味。例如，冰箱里的怪味，垃圾桶里扔着的剩菜、生鲜的味道都可用橘子皮驱除。又如，微波炉里的异味也只需把橘子皮放里面加热1～2分钟就会被赶走。再如，蒸鱼时，加一点点橘子皮，不会有腥味；烧羊肉时，加点橘子皮，不会有膻味；烧肉炖汤时，加点橘子皮，可使肉味鲜美、油而不腻。这些都可以告诉爸爸妈妈哦！

如果你晕车的话，坐车的时候可以带上一些新鲜的橘子皮，不时闻一闻，还可以防止晕车。

橘子皮富含维生素C，开胃化痰。橘子皮熬粥、橘子皮泡酒可清肺化痰；橘子皮泡水，可开胃通气。所以橘子皮不仅是家庭清洁小助手，还是健康小专家呢！

当然，除了橘子皮，西瓜皮、柚子皮、香蕉皮等果皮都有很多令人想不到的药用价值和家庭妙用。

有的人喜欢喝茶，但前一天的茶或亲友访客喝剩下的茶水，

千万别直接倒垃圾桶里。剩茶水可以用来泡脚，能有效除菌；可以用来洗头，去油止痒；可以用来清洗油腻的锅碗瓢盆，去油污。处理过海鲜或大蒜后残留在手上的异味也可以用剩茶水来去除。另外，茶叶渣还是植物的天然肥料；把茶叶渣晒干收集起来，做成枕头，清神醒脑。

　　鸡蛋壳也是一种厨余垃圾，它除了像果皮、茶叶渣一样有许多药用价值，以及可去水壶内水垢等生活巧利用之外，还有很多的艺术价值哦！许多艺术家都喜欢用鸡蛋壳为原料进行艺术创作，如蛋壳刺绣、蛋壳雕刻、蛋壳花盘等。

再也不要忽视厨余垃圾桶里那些宝贝啦，在扔掉之前，不妨查一查它们还有些什么神奇的用处，说不定你家不仅能少一件垃圾，而且还能解决一个棘手的生活问题呢！

② 我们能拿塑料瓶罐来做些什么？

　　小宇陪妈妈去超市买花瓶，一路上咕嘟咕嘟喝了一瓶饮料。正想把饮料瓶扔垃圾桶，妈妈灵机一动，决定打道回府。"不买花瓶了？"小宇问。"对！因为妈妈决定用这个饮料瓶来做花瓶！"其实，塑料瓶瓶罐罐能 DIY 的可不止花瓶哟！

花瓶

笔筒

糖果皿

收纳桶

台灯

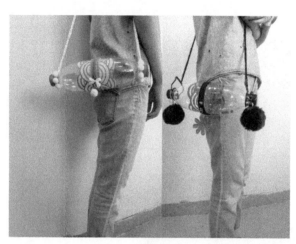

背包

是不是大开眼界了？小小塑料瓶也可以百变呢！是不是觉得很漂亮？心动不如行动，赶紧捡起刚扔掉的塑料瓶，发挥你的想象力，动手DIY吧！

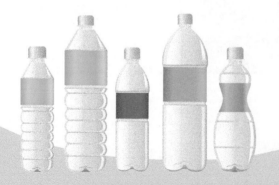

③ 破旧衣服还有新出路？

　　家里的破旧衣物，有的完全还称不上破旧，只是嫌小了，或者过时了而已。或许质量都还不错，或许这个颜色花纹、这个质地还很喜欢，扔了非常可惜，回收又觉得舍不得。有没有什么办法，再为我们所用呢？当然可以，看看下面的这些作品，可都是旧衣物做的哦！

　　大人的衣服改小就可以给孩子穿啦！

　　剩下的布料还能做个靠枕！

还有零零碎碎的布料，那就做个笔筒、发箍之类的小物品吧！

看这一组，布艺鸟、耳环、收纳袋就是用同一件衣服做的哦！

猜猜这两个可爱的小家伙是用什么做的？答案是袜子！

其实，旧衣物还可以做好多东西，如背包、坐垫、购物袋等，下一次换季整理衣物的时候，尽管开动吧！

④ 你是怎么处理快递纸箱的呢？

　　现如今，网上购物越来越流行，足不出户也能衣食无忧，但同时也催生了许许多多的包装盒。你家里那些快递纸箱，是怎么处理的呢？

　　也许你会勤快又发挥创意的 DIY 一下，做个收纳盒，也许你会卖给收废品的，赚个两三块钱。但有人却将它们升级成了艺术品。

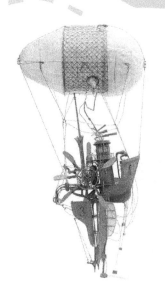 

　　瞧这些巧夺天工的艺术品，它们居然都是用纸板箱做的！这些都出自澳大利亚墨尔本的艺术家丹尼尔·阿格达格（Daniel Agdag），他用手术刀、金属尺和胶水，就能把厚纸板变成栩栩如生的复古建筑。纸板是他这些艺术作品中的唯一材料，很多人觉得纸板脆弱，但是丹尼尔·阿格达格认为硬纸板随处可见，便宜、环保、柔软，不需要昂贵的设备，就可以轻松造型。

　　2006年，还在上大学的丹尼尔就拍了一部定格动画，讲述了一个木头人如何处理一笔一头雾水的债务，里面丹尼尔·阿格达格亲手

做的纸板城市令人震撼。这让他在澳大利亚拿奖拿到手软，还获得了美国电影学会的"最佳动画短片"提名。

而后丹尼尔·阿格达格制作了一系列精致的工艺品，得到了奢侈品牌爱马仕的青睐，爱马仕委托他做了一件复古飞行器。

这件作品展示的是在工业建筑的高处，一座复杂的棚屋平台上，放着一部等待起飞的飞行器，精致得令人感叹。它被放在了墨尔本最大的爱马仕橱窗里展览，后来又跟着爱马仕的展览走遍了全世界。

所以，不要看不起任何一件你认为是垃圾的物品，展开丰富的想象，发挥你的动手能力，也许你就是下一个艺术大师！

第六章 垃圾的重生

① 旧货市场为什么叫跳蚤市场？

跳蚤市场是欧美等西方国家对旧货地摊市场的别称。由一个个地摊摊位组成，出售商品多是旧货、人们多余的物品及未曾用过但已过时的衣物等。

旧货市场之所以叫跳蚤市场有两种说法。一种说法是跳蚤市场在英语里叫作 Flea Market，有人说 Flea Market 最初来源于纽约的 Fly Market，那是纽约曼哈顿地区的一个固定市场。Fly 这个词来源于该市场的荷兰语名称 Vly 或 Vlie，发音和英语里的 Flea 一样，所以就叫作 Flea Market。另一种说法是早期的英国人经常将自己的旧衣物、旧东西放在街上卖，而那些旧东西里时常会有跳蚤、虱子等小虫子，逐渐地人们就将这样卖旧货的地方叫作跳蚤市场了。

　　跳蚤市场将一些你不想再用的旧物便宜卖给那些正需要这些东西的人，一定程度上减少了垃圾的产生。我国一些学校、社区等经常会办一些小规模的跳蚤市场，而在国外却有不少颇具规模的大型跳蚤市场。

　　最具盛名的应该算是美国加利福尼亚州的玫瑰碗跳蚤市场，拥有2500多个固定贸易摊位，在这里可以找到各种稀奇古怪、五花八门的流行文化手工制品。每个月的第2个星期日对外开放。

　　泰国曼谷的加都加周末市场是曼谷最负盛名的跳蚤市场，占地35英亩（约合141640平方米），可容纳15000多个摊位。商品种类繁多，一天的客流量常超过20万人。

中欧备受青睐的跳蚤市场就属匈牙利布达佩斯的布达佩斯·埃切利市场（Ecseri Piac）。这个跳蚤市场中的商业气氛很淡，不仅价格合理，小贩也能接受顾客的讨价还价，在这里，还可能发现异国古董。

随着互联网的发展，如今网上跳蚤市场也越来越多。阿里闲鱼、58转转、微博、百度贴吧等均有闲置物品的交易平台，七八成新的家具、电器、数码产品、图书、婴幼儿用品、服饰、包包等，都能以一个较优惠的价格成交。估算下来，每年的成交总量达到近亿件。

跳蚤市场让买家的资源短缺和卖家的闲置浪费实现了速配，达到了资源的最优化利用。所以下次想网购的时候，可以先到二手平台看一看，便宜又环保！

② 牛奶盒怎么变身?

很多家庭的早餐会给孩子准备一杯牛奶,不管是在超市买的,还是订的鲜奶,利乐包装是最常见的。利乐包装由纸、塑料、铝复合而成,能有效隔绝光线、氧气和外界的污染,因此牛奶、果汁、饮料等液态食品都喜欢用它来包装。

构成利乐包装的纸、塑料和铝单独作为包装物时属于可回收垃圾,那么复合而成的利乐包呢? 2004 年,由于技术上的限制,很难将纸、塑料和铝进行完全分离,这种纸塑铝复合软包装属于其他垃圾,一般被填埋。近年来,随着技术的不断进步,饮料盒的"纸塑分离"和"铝塑分离"等技术的使用,已经实现了利乐包还原成"纸、塑料、铝"的完全再资源化处理过程,利乐包也成了可回收垃圾。

完成了它包装的使命之后,命运如何呢? 让我们走进杭州富伦生态科技有限公司瞧一瞧。那些回收来的利乐包装经过水力碎浆、清洗分离后就能将纸浆分离出来,这些纸浆经过净化筛选,生成再生纸。纸浆分离后剩下的部分经过铝塑筛渣、铝塑分离后,就成了塑料膜和铝粉。塑料膜可以进一步制成塑料篮子、文件夹、笔筒等系列环保塑料制品;铝粉可以进一步制成名片夹、笔等系列铝制产品。

铝粉

　　瞧，牛奶盒一变身，你们是不是已经认不出来了？如果你想帮助它变身，那么就请将喝完的饮料盒、牛奶盒倒空，掀起折角，压扁包装，扔到可回收垃圾桶里哦！

③ 塑料还能变成路？

塑料，由于它无法被自然界的微生物分解，因此处理塑料污染一直困扰着各个国家。虽然各国推行了限塑令、塑料回收等各种减少塑料垃圾产生的政策，但塑料垃圾还是越来越多。

有的人将塑料垃圾收集起来做成雕塑或艺术品，但有一个人却将塑料垃圾变成了路，听起来似乎有些不可思议，但这样的路真的已经产生了。

托比·麦卡特尼是英国的一名工程师，早年在印度工作时面对大街上到处倾倒的垃圾，感到非常揪心。直到回到英国，他女儿在面

对老师"海洋里面生活着什么"的问题时答了"海洋里生活着塑料"时，他决定要为这个被塑料污染的地球做点什么。

托比·麦卡特尼请来了水管公司老板和垃圾降解专家两位朋友，经过一起的研究，发现塑料造路完全可行。如果你觉得所谓塑料造路仅仅是将塑料垃圾堆砌而成的一条路就大错特错了，塑料只是代替了修路所需的沥青。修建一条公路所需的材料，90%是碎石、石灰岩和沙子，这些材料到处都有；10%是沥青，它取自于石油，是一种不可再生的资源。

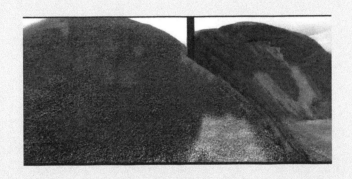

托比·麦卡特尼和他的两位朋友在英格兰建了一座工厂，再从各地收集各种塑料。用机器把收集来的塑料垃圾捣碎成末状，然后和几种化学混合物一起搅拌、压制，最后形成一粒一粒的塑料丸子。这些塑料丸子就能代替10%的沥青材料了，再送入加工厂，投入碾碎机，

充分碾碎后，和岩石等材料混合，就可以铺成路了。目前，这种塑料替代沥青的铺路材料，在英国的坎布里亚铺成的第一条公路已投入使用，与沥青路面相比并无差异。

经过特殊处理后，这些塑料垃圾不但耐高温、耐严寒，而且其原先不易被分解的缺点在这里发挥了巨大的优势。此外，其价格比由石油提炼的沥青要便宜得多，可谓是既优惠又环保。

若全球所需铺设的路面都采用这种塑料代替沥青的铺路材料，那么困扰全球的塑料污染将迎刃而解。塑料做的路，你期待吗？

④ 垃圾怎么变成电？

目前，我国主要的发电方式是火力发电和水力发电，火力发电量占总发电量的 70% 以上。所谓火力发电是指利用煤、石油等燃烧时产生的热能，通过发电装置转换成电能。煤、石油等都是自然界不可再生的资源，如果能够用垃圾来代替煤、石油等进行发电，那一定棒极了！

垃圾发电并不是梦！垃圾，尤其是一些燃烧值高的垃圾，在进行高温焚烧时，产生大量的热能和气体，气体经过处理后排放，而热能则转化为高温蒸汽，推动汽轮机转动，使发电机产生电能。对不能燃烧的有机物，则进行发酵、厌氧处理，最后干燥脱硫，产生一种气体，叫作甲烷，也叫沼气，再经过燃烧，把热能转化为蒸汽，同样推动汽轮机转动，从而发电。垃圾发电的这两种方式中，垃圾焚烧发电是主流。

从 20 世纪 70 年代起，一些发达国家就开始用焚烧垃圾进行发电。最先利用垃圾发电的是德国和美国。1965 年，西德就已建有垃圾焚烧炉 7 台，垃圾年焚烧量达 7.8105 吨，垃圾发电受益人口为 245 万人；到 1985 年，垃圾焚烧炉已增至 46 台，垃圾年焚烧量为 8106 吨，可向 2120 万人供电，受益人口占总人口的 34.3%。美国自 20 世纪 80

年代起投资 70 亿美元，兴建 90 座垃圾焚烧厂，年处理垃圾总能力达到 3000 万吨；20 世纪 90 年代建成 402 座垃圾焚烧厂。

　　焚烧垃圾发电的好处不言而喻。对垃圾而言，高温焚烧能有效灭菌，减少了垃圾对土地的大量占有，减量化程度高。对环境而言，减少了垃圾对土壤、地下水污染的可能，保护了自然环境。对资源而言，节省了煤、石油等不可再生的化石燃料，减少了二氧化碳的排放，提高了垃圾这一资源的利用率。据估算，国内炉排炉焚烧 1 吨生活垃圾发电产生的电量为 250～350 千瓦时，每吨生活垃圾焚烧发电可节约 81～114 千克的标准煤，减排 202～283 千克的二氧化碳。

在我国，焚烧垃圾发电技术在垃圾发热量、燃烧产生的二噁英处理上距离国外水平还有一定差距，但随着垃圾回收处理、运输、综合利用等各个环节技术的不断发展，垃圾发电产业前景乐观。

参考文献

[1] 海伦·奥姆.危险中的地球：垃圾与回收 [M].王晶晶，姜晓莉，译.北京：中国环境科学出版社，2011.

[2] 亚历克斯·弗里斯.揭秘垃圾 [M].荣信文化，译.西安：未来出版社,2012.

[3] 赵莹，程桂石，董长青.垃圾能源化利用与管理 [M].上海：上海科学技术出版社,2013.

[4] 环境保护部科技标准司，中国环境科学学会.城市生活垃圾处理知识问答 [M].北京：中国环境科学出版社，2012.

[5] 王贵水.你一定要懂的环保知识 [M].北京：北京工业大学出版社，2015.

[6] 胖兔子粥粥.垃圾"书" [M].长春：时代文艺出版社，2012

[7] 罗振.垃圾资源化，你应该做的 50 件事 [M].北京：化学工业出版社，2014.

[8] 周仕凭.垃圾是个"现代病" [J].环境教育，2017（3）：1.

[9] 李华丽.化学与环境污染 [J].新课程·教师，2015（10）：125-127.

[10] 尚谦，袁兴中.城市生活垃圾的危害及特性分析 [J].黑龙江环境通报，2001，25（2）：17-25.

[11] 薯片包装袋要多久才能降解？垃圾存在时间之长令人震惊 [EB/OL].[2015-05-21].http://tech.sina.com.cn/d/v/2016-05-21/doc-ifxsktkr5842605.shtml.

[12] 白色污染（环境污染问题）[EB/OL].[2018-03-25].http://baike.baidu.com/link?url=dpHNYkNidSXjEgvi4Crhp0-UhWiUFQv17krWCT5_Z6YLOhyrgKGgPuaUVDo1rPXNCNexqq7wk_hzBwqstGmZ--Lu2IrAdk0Smv-zwwI2FxViBjfNj-bPtX25-QzAAXlz.

[13]2015 年全国大中城市生活垃圾产生量公布京沪名列前两名 [EB/OL].[2016-

11-12].http://www.cn-hw.net/html/china/201611/55929.html.

[14]Municipalwaste[EB/OL].[2015-05-17].https://data.oecd.org/waste/municipal-waste.htm.

[15]2050 年全球塑料垃圾或将累计达 120 亿吨 [EB/OL].[2014-07-28].http://tv.cntv.cn/video/C11346/395ec7da9fbb43b79901fb969a60f4de.

[16] 天子岭有颗"大蘑菇":每天要"吃"5000 吨垃圾 [EB/OL].[2015-10-30].http://z.hangzhou.com.cn/2015/dljljywh/content/2015-10/30/content_5965060.htm.

[17] 垃圾分类这件事:在日本逼疯了无数中国人 [EB/OL].[2016-07-27].http://news.mydrivers.com/1/493/493026.htm.

[18] 世界著名十大跳蚤市场 [EB/OL].[2014-05-26].http://www.360doc.com/content/14/0526/17/10132847_381186598.shtml.

[19] Can plastic roads help save the planet?[EB/OL].[2017-04-25].http://www.bbc.com/news/av/magazine-39693091/can-plastic-roads-help-save-the-planet.

[20] 你扔掉的快递箱,被他打造成现实版的"天空之城",还获得电影大奖 [EB/OL].[2017-02-18]. http://www.sohu.com/a/126590958_ 349370.